KB137294

웰시코기 마로리,
어디까지 가봤니?

초보 펫트래블러를 위한 국내 여행 가이드북

웰시코기 마로리, 어디까지 가봤니?

백승이 지음

bs
브레인스토어

차례

CHAPTER 3 가을

마로리가 추천하는

가을 산책 코스

CHAPTER 4 겨울

마로리가 추천하는

이색 서울 투어

CHAPTER 5 제주도

마로리가 추천하는

제주도 카페

Prologue

웰시코기 마로리는 지인이 입양한 아이였다. 마로리를 입양하기로 한 날, 건강상태 확인 차 같이 따라갔다가 만난 마로리. 1년 후, 마로리는 나의 반려견이 되었다.

당시 웰시코기가 인기 견종으로 떠오르면서, 어린 강아지 때 입양하고 성견이 되면 파양이나 유기하는 일이 많이 있었다. 마로리도 나를 만나기 전, 1년 동안 5번의 파양 경험이 있었다. 웰시코기는 아무런 준비 없이 키우기엔 쉽지 않은 견종이었을 것이다.

365일 털 빠짐으로 마로리와의 생활은 쉽지 않았다. 먼저 가족들의 반대가 심했고, 당시 학생이었던 나는 반려견을 돌볼 수 있는 경제적 능력도 당연히 없었다. 반려견 하나 맞이하는 것이 이렇게 큰 삶의 변화가 찾아올 줄이야. 지금 생각해도 정말 보통 일이 아니었다.

직장에 들어간 뒤 경제적인 능력은 생겼지만 또 다른 문제가 있었다. 바로 매일 퇴근하고 돌아오는 나만 기다리는 마로리였다. 내가 마로리와 보낼 수 있는 시간은 출근 전 2시간, 퇴근 후 2시간 산책이 전부였다.

그렇게 마로리와 지낸 지 5년째 되던 날, 마로리는 하루가 다르게 늙어가는데 함께하지 못한 채 시간이 지나가는 게 너무 아깝고 미안한 마음에 퇴사를 결심했다. 그리고 좀 더 같이 시간을 보내기 위해 본격적으로 다양한 곳을 찾아 마로리와 여행을 다니기 시작했다.
하루 몇 시간에서 주말 며칠, 그리고 함께 일주일, 그리고 2주… 어디론가 차를 타고 또는 비행기를 타고 여행을 떠날 때면, 표정이 달라지는 마로리를 보며 역시 나오길 잘했다는 생각이 든다. “마로리, 우리 나갈까?” 이 소리에 눈빛부터 달라지는 귀여운 녀석.
누구에게나 그렇겠지만, 마로리와 함께 어딘가를 다니며 보내는 시간은 너무나 값지고 소중하다. 반려생활 중 함께 있는 것만으로도 교감할 수 있는 시간을 꼭 가져보시길 바란다. 그리고 이 책이 반려견과 함께 떠나기가 막막하신 분들에게 작은 도움이라도 되었으면 한다.

아직,
강아지를 키우기 전이라면?

안녕하세요, 예비 견주님.
지금 강아지를 키우려는 생각만으로도 무척 행복하실 거예요.
그런데, 강아지와 한 번 시작된 인연은 기본 15년 이상이라는 건 알고 계신가요?
아직 10, 20대 친구들이라면 꼭 한 번쯤은 내가 15년 동안 강아지와 함께 할 수 있는 생각해주세요.

학교를 다니고 취업을 하고, 직장, 결혼 생활을 하는 동안 경제적으로 책임질 수 있는지 말이에요. 내가 아니면 가족이 키우면 되지, 아니면 친척집에 보내지, 아니면 시골에 보내지…라는 생각이신가요? 강아지들은 엄마 뱃속에서 나오자마자 고작 두 달 정도 엄마와 지내다 강제로 헤어지게 된답니다. 그리고 어느 날, 새로운 환경으로 옮겨지며 사람들과 생활하게 되는 것이죠. 대부분의 강아지가 첫 주인을 만나 죽을 때까지 함께 하지 못한대요. 그럼 우리 강아지와 평생 함께 하기 위해서 어떤 것부터 준비해야 할까요?

1. 강아지 데려오기 전, 함께 살고 있는 가족들의 동의 구하기

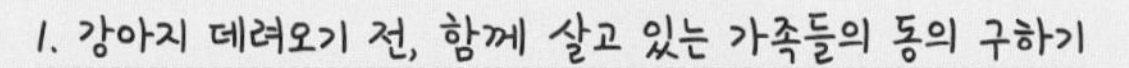

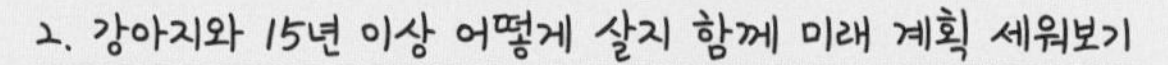

4. 털 알레르기 검사하기

5. 강아지의 어릴 적 모습 말고, 그 견종의 성견 모습 확인하기

웰시코기와 함께 하고 싶다면 꼭 읽어주세요!

- 펫샵이 아닌, 부모견을 볼 수 있는 곳에서 데려오세요.

- 웰시코기 미용하지 않습니다. 털 밀지 않습니다.
  털 빠짐이 조금이라도 고민된다면, 함께 하기 어렵습니다.

- 간혹, 꼬리가 있다는 이유로 카디건이라고 속이는 경우 있습니다.
  국내의 카디건은 손에 꼽을 정도 입니다. 속지 마세요.

- 웰시코기는 소형견이 아니고 중형견입니다.
  보통 체격은 15Kg입니다. 미니코기나 티컵코기는 없습니다.

- 웰시코기는 2년 반에서 3년까지 성장하고 큽니다.
  제발 어린 나이에 교배 하지 말아주세요.

- 교배 할 계획이라면, 태어날 아이들이 갈 곳을 먼저 정해주시기 바랍니다.
  무분별한 교배가 또 한 마리의 유기견을 만듭니다.

강아지와 여행을 떠나기 전, 필수품 리스트 ☑

켄넬 또는 하우스

켄넬 및 하우스 훈련이 된 아이들이라면 장거리 차량 이동 시, 켄넬을 지참하자. 그냥 탑승하는 것보다는 켄넬에 넣어 탑승하면 좀 더 안정감을 느낄 수 있다고 한다. 또한 차량 접촉 사고 시, 켄넬 탑승이 되어있다면 강아지 또한 보험 혜택을 받을 수 있다.

밥그릇, 물그릇

항상 차에 구비되어 있는 용품 중 하나는 밥, 물그릇이다. 휴대성 좋은 실리콘 소재 그릇이라면 가지고 다니기가 편하다.

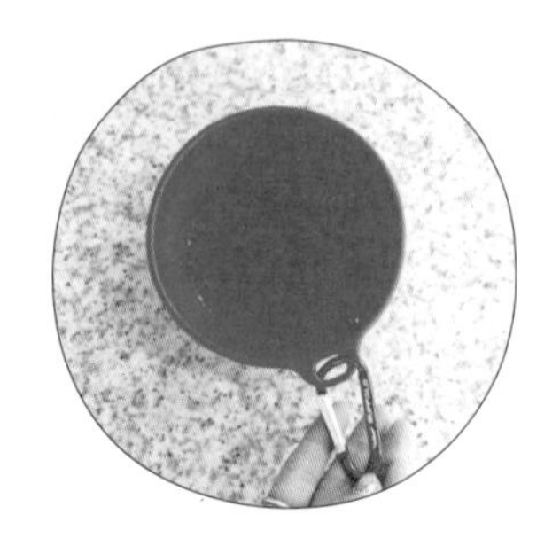

배변봉투 또는 배변패드

배변봉투는 어딜 가든 꼭 챙겨야 한다. 아이들의 배변을 처리하지 않았을 때 적발 시 과태료를 물을 수 있으니 잊지 말고 꼭 챙기자. 배변패드는 1박 2일 이상 여행을 갈 경우 환경이 바뀌어 배변을 못하는 친구들을 위해 챙겨가는 게 좋다.

사료

여행을 떠날 때 갑자기 먹는 것이 달라지면 강아지들도 탈이 날 수 있다. 기존의 먹던 사료를 소량 나누어 챙겨가자. 먹던 사료를 나누어 챙겨가는 것이 번거롭다면 각종 사료 사이트에서 사료 샘플 신청으로 받아 여행갈 때 들고 가면 편리하다.

간식

금강산도 식후경! 간식은 어딜 가든 빠질 수 없다. 사진 찍을 때, 신나게 놀고 난 후 체력보충을 위해 조금씩 챙겨가자. 하지만 강아지들이 모인 곳에서 간식을 주면 싸움이 일어날 수 있으므로 따로 떨어져있을 때 주는 것이 좋다. 그리고 처음 만난 강아지에게 간식을 주고 싶다면, 반드시 견주에게 물어본 후 주는 것이 펫매너다.

옷 또는 우비

강아지 옷과 우비는 여행 시 챙겨가면 유용하다. 바람이 많이 부는 바닷가 근처 또는 갑자기 변하는 날씨에 아이들의 체온을 보호할 수 있다. 또 웰시코기는 특히 짧은 다리로 배 부분이 많이 더러워지는데, 그 부분도 옷과 우비로 방지할 수 있다.

응급키트

강아지와 함께 여행을 하다 보면 예상하지 못한 상황이 올 때가 많다. 그렇기 때문에 차량에 항상 응급키트를 구비하는 것이 좋다. 최근 해외 직구를 통해 구입 가능하지만, 간단하게 직접 만들어 볼 수 있다. 강아지 붕대, 빨간약, 지혈제 등을 챙겨보자.

CHAPTER 1

Spring

봄

1

포천 아트밸리

경기 포천시 신북면 아트밸리로 234 매일 09:00 - 22:00 031-538-3483

입장료를 내고 케이블카를 타고 올라가면 인공폭포를 볼 수 있는 곳이다. 곳곳에 조각 전시품도 볼 수 있다. 하지만 케이블카는 강아지 탑승 불가! 그렇기 때문에 높은 언덕을 운동 삼아 열심히 올라가야 한다. 숨이 차오를 때 도착한 인공폭포 있는 곳은 가슴 뻥 뚫리는 풍경을 볼 수 있다. 하지만 나무 아래가 보이니 강아지들에겐 무서웠을까? 결국 웰시코기 마로리는 주저 앉고 말았다.

일
단
정
지
포천아트밸리 포아로
높아서
무서웠잖아!

2

포천 허브아일랜드

경기 포천시 신북면 청신로947번길 35 매일 09:00 - 22:00 031-535-6494

꽃 피는 봄이면 생각나는 허브아일랜드이다. 워낙 조경을 잘해둔 곳이라 산책 하기도 좋고 특히 곳곳에 포토존이 잘 꾸며져 있어서 반려견과 함께 재미난 사진을 찍을 수 있다. 참고로 실내 상소는 강아지 출입 불가라고 하니 참고하자.

임시 보호견,
웰시코기 디오 이야기

웰시코기 디오라는 이름으로 만난 아이는 교통사고 이후, 버려진 채 대구에서 발견되었다. 웰시코기 동호회 도움을 받아 구조되어 수술 후, 휠체어로 재활치료 중인 아이였다. 발견 당시 고작 5개월. 웰시코기 꼬마라 더 마음이 아팠다. 수술이 끝난 후, 병원에 찾아가 만났을 당시 그 눈빛을 잊을 수 없었다.

혼자 지내던 집에 또 다른 누군가를 받아들이는 게 마로리에게도 힘들었나보다. 디오가 있는 내내 심기가 불편해보였다. 토닥토닥. 그래도 디오에게 양보하는 법도 배우는 것 같아 기특했다.

한참, 호기심 왕성한 나이의 디오. 마트에 가서 사람들과 인사도 하고 그동안 몰랐던 세상 구경도 시켜줬다. 소변이 배에 잘 묻어서 항상 배 부분에 욕창과 습진이 생겼다. 피부를 위해 밤마다 따뜻한 물로 샤워를 해줬다. 샤워 중에는 눈을 지긋이 감고 즐기기도 했다.

임시 보호라고 할 수 없을 만큼 짧은 시간을 함께했지만, 역시 쉽지도 어렵지도 않은 일이었다. 마로리에게 주던 사랑을 둘로 나눠 주는 일이 힘들었지만, 표정이 안 좋던 디오가 사람의 손길로 표정이 좋아지는 것을 보면서 느끼는 바도 많았다. 임시 보호를 막상 해보니, 진작에 신청했을 걸 하는 후회도 든다.
막연히 강아지 반려를 생각만 하고 계셨다면, 혹은 둘째 입양을 고민하신다면 임시 보호 경험부터 추천드리고 싶다.

정말 값진 경험을 하게 해준 디오야, 함께해줘서 고마워.

현재 디오는 새 가족을 만나 행복하게 잘 지내고 있고 합니다.
사지마세요. 입양하세요.

3

양주 장흥자생수목원

경기 양주시 장흥면 권율로309번길 167-35 · 매일 09:00 - 17:30 · 031-826-0933

5월 5일 어린이날을 맞이해 찾아 갔던 장흥 자생수목원이다. 목줄과 배변봉투를 지참해야 입장할 수 있다. 참고로 5월 초에 방문하면 새빨간 철쭉 꽃을 구경할 수 있다.

서울에서 가까운 곳에 위치해있지만, 자연 그대로 보존되어 있어 함께 걷는 강아지도, 사람도 모두 힐링할 수 있다. 산책로를 따라 걷다 보면 곳곳에 마련된 쉼터가 있으니 물도 나눠 마시며 자연 소리를 들어보자.

I
CORGI

철쭉동산
I ♥ CORGI

내가 이 구역 웰시코기다!

4

대구 뽀미네 공방

대구 달성군 가창면 헐티로1길 12 053-291-8447

대구 뽀미네 공방 애견동반 펜션에서 초대를 받아 대구 여행을 하게 되었다. 그런데, 아무리 찾아도 대구에는 강아지와 함께 갈 수 있는 곳이 많지 않아서 여행 코스를 짜기가 어려웠다. 욕심을 버리고 온전히 펜션에서 시간을 보내기로 했다.

뽀미네 공방에도 강아지가 있고, 공방 앞으로 계곡이 있기 때문에 펜션에 머무는 동안 물놀이도 할 수 있고, 특히 봄에 방문하면 커다란 벚꽃나무가 맞이해준다. 그날 찍었던 마로리와 벚꽃 사진은 지금 꺼내봐도 봄의 설렘이 느껴진다. 참고로, 공방으로 들어가는 길 양쪽으로 벚꽃나무가 심어져 있으니 드라이브 내내 벚꽃엔딩을 즐겨 볼 것!

뽀미네
공방
모두 여기 보세요~!!

그거 먹는 거야? 킁킁

5

부산 대저생태공원

부산 강서구 대저1동 2314-11 매일 06:00 - 21:00 051-971-6011

나는 마로리를 만나기 전 부산을 한번도 안 가봤던 서울 촌사람이었다. 그러다 마로리 덕분에 알게 된 실베네 초대를 받아 무계획으로 부산여행을 시작했다.

부산에서도 역시, 산책! 산책하기에 좋은 부산 대저생태공원에 가기로 했다. 그런데 부산 도착과 동시에 다리 밑으로 보이는 노란색의 풍경은 정말이지 잊을 수 없을 정도다. “어머! 저게 뭐야” 하고 도착해보니 봄에 열리는 부산 유채꽃 축제 현장이었다. 유채꽃은 제주도에 가야 볼 수 있는 줄 알았는데. 워낙 넓은 부산 대저공원인지라 인파를 피해 자리를 잡았다. 그야말로 봄 사진이라 할 수 있는 ‘꽃개’ 퍼레이드 사진 대방출! 넓은 들판 가득 유채꽃으로 채워져 있으니 따뜻한 햇볕과 함께 아이들과 산책도 하며 꽃개 사진을 찍어보자.

TIP

강아지도 KTX 탈 수 있나요?

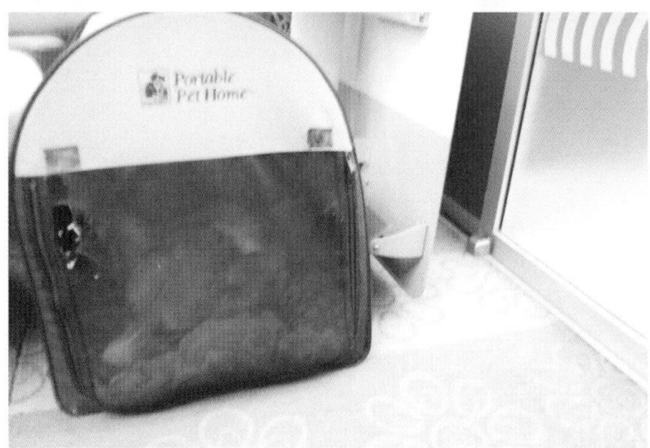

강아지와 KTX 탑승은 가능하다. 단, 강아지를 이동장에 넣어 탑승하는 조건이기 때문에 반드시 이동장을 지참해야 한다. 간혹 그냥 이동장이 아닌 가방에 넣거나 또는 객실 좌석에 올려놓는 경우로 인해 문제가 생기기도 하니, 주의하자. 혼자 이동할 경우, 특실 1인석으로 맨 앞이나 맨 뒷자리를 선택하면, 빈 공간이 생기므로 이동장을 쉽게 넣어 갈 수 있다. 2인 이상 이동할 경우, 미리 예매를 할 수 있다면 4인석 테이블을 사용한 좌석이 좋다. 좌석 밑에 이동장을 넣으면 되고 이동장 자체를 테이블 위에 올려놓을 수도 있다. 하지만 테이블 위에 아이만 꺼내놓으면 안 된다.

⑥ 부산 실베네집

부산 기장군 철마면 안평로33번길 11 매일 15:00 - 11:00 010-7316-9131

2013년부터 마로리와 매년 부산에 가고 있다. 처음에는 잠자리가 마땅한 곳이 없어 매번 지인에게 부탁해서 머물고 오기도 했지만, 2015년 애견민박집 실베네집 오픈과 함께 잠자리 걱정이 사라졌다. 부산 기장에 위치한 실베네집은 2층에 객실이 두 개 준비되어 아담한 분위기를 자아내는 곳이다. 보통의 애견펜션을 생각하고 온다면 이 곳과 맞지 않을 수 있다. 여기에서는 조용히 아이들과 마당에 대한 로망을 꿈꾸며 쉬다가 오면 좋은 곳이라고 할 수 있다.

7

부산 감천문화마을

부산 사하구 감내2로 203 감천문화마을안내센터 매일 09:00 - 18:00 051-204-1444

어린왕자를 찾아서 떠났던 부산 감천문화마을이다. 워낙 감성적인 여행지로 많은 사람들이 찾는 곳이다. 어린왕자와 함께 사진 찍을 때는 줄서기가 기본이었다. 곳곳에 마을에 사는 길고양이를 만날 수 있으니 강아지 목줄은 짧게 잡도록 하자. 그리고 주차장과 거리가 있기 때문에 덥지 않은 날씨에 방문해 한 바퀴 산책하면 좋을 곳이다.

어린왕자랑 사진 찍으려면
줄 서기는 필수!

8

서울 남산공원

서울 중구 삼일대로 231 매일 00:00 - 24:00 02-3783-5900

주로 오전시간 아니면 늦은 오후에 자주 찾아가는 산책코스이다. 남산공원은 조경은 물론 화장실 및 주차시설이 잘 되어 있어 방문하기 편한 곳이다. 게다가 걷기운동 하기에도 길이 잘 정돈되어 있어 강아지와 함께 산책하기도 좋다. 특히 봄에 찾아가면 다양한 꽃을 구경하면서 사진을 남길 수 있으니 봄에는 강아지와 남산공원 한 바퀴 돌아보자.

9

서울숲공원

서울 성동구 뚝섬로 273 매일 00:00 - 24:00 02-460-2905

뉴욕의 센트럴파크를 모티브한 양떼공원이 있는 서울숲공원이다. 사슴을 볼 수 있는 공간은 있지만 야생동물과 반려동물은 접촉 시 전염병이 발생할 수 있으니 되도록 가지 않도록 하는 것이 좋다.

서울숲공원은 다양한 산책 코스가 있어 매번 다른 길로 산책이 가능하며 시간 조절도 가능한 곳이다. 주차 시설과 화장실 그리고 곳곳에 배치된 배변봉투 식수대를 만날 수 있어 강아지 산책코스로 최고의 장소이다.

게다가 앞 상가에 애견동반카페 라떼킹이 있다. 강아지와 테라스뿐 아니라 실내에서도 함께 앉아 커피 한 잔 할 수 있다. 물론 카페 내에서 목줄 착용은 필수다.

서울숲공원은 웨딩촬영은 물론 스냅촬영으로도 인기 있는 장소이다. 푸릇푸릇한 잔디와 알록달록한 꽃배경으로 봄 향기 가득 담은 인생 사진을 강아지와 함께 찍어보자.

마로리 어디 숨었나~

TIP

봄에 주의해야 할 진드기

- **외부구충제** : 외부구충제는 한 달 또는 한달 반 기준으로 발라준다. 주로 프론트라인이라는 약을 많이 사용하고, 처음으로 약을 사용해야 한다면 동물병원에서 상담 후 시작하는 게 좋다. 약은 동물병원 또는 동물약국에서 판매 중이며, 아이들 몸무게에 맞게 사용해야 한다.

- **내부구충제** : 내부구충은 사람에게 옮을 수 있다는 사실! 활동이 많아지는 시기 또는 야외활동을 많이 하고 돌아온 후 구충제를 급여한다. 급여 시기는 한 달 또는 한 달 반 기준으로 활동량에 따라 급여해주면 된다.

- **심장사상충약** : 심장사상충약은 날이 따뜻해지고 모기가 나타나는 시기 또는 그 전에 미리 급여하는 게 좋다. 심장사상충은 강아지에게 치명적이고 자칫하면 사망에 이를 수 있기 때문에 미리 예방해야 한다. 약만 꾸준히 급여한다면 집에서도 충분히 예방할 수 있다.특히 실내견이라고 방심하면 안 된다. 약은 다양한 종류가 있으니 꼭 동물병원에서 상담 후 급여하는 게 좋다.

외부, 내부 구충제 그리고 심장사상충까지 너무 많은 약을 급여해 강아지 간에 무리가 갈까 걱정된다면, 내부 구충제는 세 달에 한 번, 외부 및 심장사장충은 야외활동 많은 시기에, 한 달 간격으로 나눠서 급여하면 좋다.

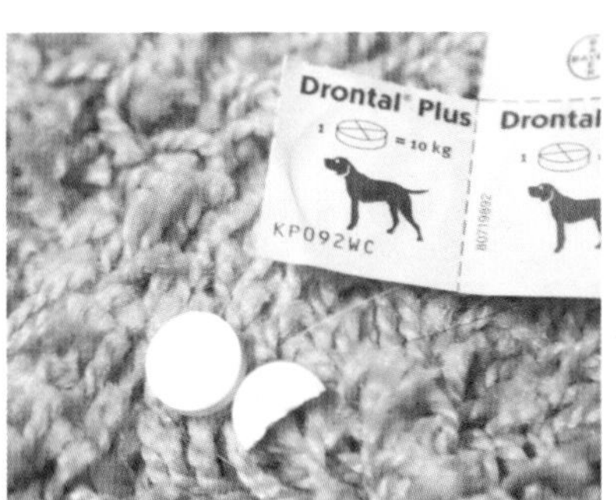

강아지 구충제 드론탈플러스

반려견 동반 카페

❶ 가평 어반 플레이스

경기 가평군 청평면 남이터길 29

일~목 10:00 - 19:00, 금~토 10:00 - 20:00

010-5394-4736

가평 대성리에 위치한 리조트 안에 있는 야외 카페이다. 특이하게 천장이 없고 대신 우산이 화려하게 장식되어 있다. 반려견 동반 출입이 가능하다. 참고로 최근에 반려견 방문이 많아져 강아지가 뛰어 놀 수 있도록 울타리 설치가 되었다.

처음에만 해도 사람들에게 거의 알려지지 않았지만 최근 사진 찍기 좋은 핫플레이스로 주목받고 있다. 언제 어떤 반려견 친구가 올지 모르고, 주변에 차가 지나다니기 때문에 목줄은 필수로 착용해야한다. 또한 테이블 높이가 낮기 때문에 아이들이 무언가 먹지 못하도록 주의해야 한다.

반려견과 함께 방문한다면, 떠날 때 한 번 더 자리를 정리하는 것이, 다른 반려견 친구들이 올 수 있는 배려가 되지 않을까.

친구들아 놀러와~

❷ 강남 이라피

⊙ 서울 강남구 도산대로30길 16
◷ 평일 11:00 - 23:00,
주말 11:00 - 22:30
✆ 070-4140-5959

애견동반카페인데 주차도 되고, 식사나 차를 즐길수 있다. 강아지와 함께 방문해서 오붓한 시간을 보내고 싶다면 방문해보시길 바란다. 매장에서 목줄은 필수이고 애견카페가 아닌 애견동반카페이기 때문에 펫매너는 반드시 지켜야 한다. 매장을 방문하면 강아지에겐 물과 간식을 서비스로 주신다.

간식
먹고
빨리
싶다

❸ 이태원 오블라디

서울 용산구 이태원로54길 58-5
매일 12:00 - 22:00
010-7174-3687

오블라디는 이태원 이색카페로 떠오르는 곳이다. 시리얼을 판매하는 곳으로 반지하에 위치했다. 봄에, 강아지와 야외에서 사진을 찍으면 좋겠지만 미세먼지 가득한 날 하루가 아쉽다면 이곳을 추천한다. 카페 방문하기 전, 애견동반 문의만 한다면 함께 입장이 가능하다. 카페는 협소하기 때문에 사전에 미리 문의하고 가는 걸 추천한다. 오블라디 카페 안은 알록달록 벽지와 쇼파 그리고 시리얼 박스들로 채워져 반려견과 함께 예쁜 사진을 찍기 좋은 곳이다.

혼자 먹을 거야?

마조리도
한 입만~

CHAPTER 2

Summer

여름

1

인천 자월도

인천 옹진군 자월면 032-833-6011

인천의 작은 섬 자월도. 참고로 이 섬은 달이 잘 보이는 곳으로 백패킹 족들이 많이 찾아오는 곳이다. 해수욕장이 오픈하는 시기에는 섬에 찾아가기 힘들지만 5월이나 6월 쯤 주말 당일치기 여행코스로 추천한다. 차를 두고 배에 탑승해 한두 시간 지나면 자월도에 도착한다. 걸어서 15분 정도 걸어가면 바로 눈앞에서 바다가 펼쳐진다. 해수욕 하는 사람들을 위해 마련된 쉼터도 있으니 밀,썰물 시간대에 맞춰 3시간 정도 놀다가 배타고 돌아오면 된다. 수돗가 및 화장실 시설이 있으나 근처에 편의점은 없으니 먹을 거리는 미리 준비해서 가야 한다. 자월도에는 단 2대의 마을버스가 운영 중이다. 소형견은 가방에 넣어 탑승이 가능하나 중대형견은 불가능하다. 해변 잔디밭에서는 캠핑도 가능하다.

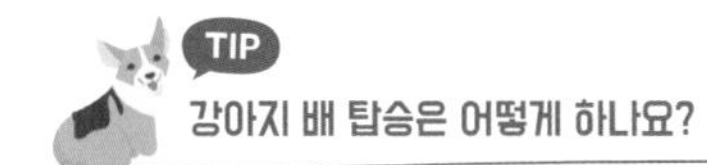

TIP

강아지 배 탑승은 어떻게 하나요?

배를 탑승하기 전, 별도의 예약 시설은 없으나 반드시 이동장을 지참해야 한다. 이동장이 없으면 탑승을 거부 당할 수 있고, 배 탑승 후 선실에서도 이동장에서 반려동물을 꺼내면 안 된다. 별도의 요금은 없다. 겨울을 제외하곤 갑판에서는 목줄로 이동이 가능하니 야외에 자리를 잡고 가는 것을 추천한다.

2

부산 일광해수욕장

부산 기장군 일광면 매일 00:00 - 24:00 051-723-2219

휴가철 해운대 또는 송정해수욕장은 사람들이 많기 때문에 강아지가 모래밭에 들어가지 못하고 쫓겨나기 일쑤! 모든 해수욕장에 애견출입금지 표시가 없다면 모래밭 또는 바다에 들어갈 수 있다. 사람들이 많은 시간을 피해 오전에 방문하는 걸 추천한다.

바다 수영을 즐기고 싶다면, 목줄을 착용 하여 파도에 휩쓸리지 않도록 그리고 주변사람들에게 피해가지 않도록 주의해야 한다. 가장 중요한 것은 (어디든 마찬가지겠지만) 놀고 난 자리는 깨끗이 정리하자.

여담이지만, 방문 당시 주차장부터 입구까지 애견출입금지 표시가 없음에도 불구하고 주변 상인들이 물 밖으로 나오라고 소리친 적이 있었다. 목줄하고 있다고 보여주자 아무 소리 없이 돌아갔다. 대부분 한번쯤 겁주기 위해 내쫓으려고 하는 경우가 있으니 당황하지 말고 목줄 착용을 보여주면 된다.

우리 들어갈 수 있어요!

마지막 여름이 되었던 치쵸 이야기

치쵸는 미국에서 태어나 도그쇼에서 활동하던 아이였다. 도그쇼 은퇴 후, 일반 가정으로 입양을 가기 위해 몇 년이 걸렸고, 10살이 되었을 무렵 실베네로 입양을 왔다. 실베의 아빠가 바로 치쵸였던 것. 매번 견사 생활하는 늙은 코기 치쵸를 보면서 한편으로는 일반 가정으로 입양되어 편하게 노후를 보냈으면 하는 마음이 크셨다고 한다.

몇 년이 걸려서 마당 있는 집으로 이사 후 치쵸를 맞이할 수 있었다. 내가 만났던 치쵸는 한국에서 볼 수 없는 골격을 가진, 멋진 코기였다. 웅장하다는 표현이 어울리는 귀여운 할아버지 치쵸. 평생 도그쇼 생활을 하며 많은 환경에 대한 경험이 없었던 치쵸에게 바다 수영은 무서운 일이었다. 결국 치쵸를 위해 마로리가 나섰다! 마로리 튜브에 치쵸를 태우고, 마로리가 끌어주며 수영했던 기억은 잊지 못할 추억이 되었다.

그리고 몇 달이 지나 한 통의 전화가 왔다. “치쵸가 마로리가 끌어주는 튜브 한 번 더 타고 갔어야 했는데…” 치쵸가 무지개 다리를 건넜다는 소식을 전해 들었다. 아이들이 나이가 먹고 하나 둘씩 아프거나 무지개 다리를 건넜다는 소식을 들을 때면 나와 마로리의 시간에 대한 소중함을 다시 한 번 느낀다. 그리고 주변 코기 친구들까지 둘러보게 된다. 내 아이만이 아닌 주변 아이들의 소중함까지 다시금 느끼게 해준 치쵸. 사랑해 치쵸야. 그리고 고마웠어!

3

양양 해피플레이스

강원도 양양군 강현면 중복골길 11 033-673-3217

강원도 양양군 현남면에서는 매년 7~8월 동안 멍비치라는 애견전용 해변이 오픈한다. 개인이 해변을 임대해서 입장료를 받고 운영하는 곳이다. 휴가철에는 사람들이 있는 해수욕장에 가기 힘들기 때문에 멍비치는 반려견과 가족들에게 너무나 반가운 곳이다. 매년 폐지 목소리가 들리기도 하지만, 점차 나아지리라 믿고 싶다. 소형견 친구들은 어딜 가나 환영받지만, 중대형견 친구들은, 특히! 까만털을 가진 아이들은 환영받기 힘든 게 현실이다. 개인적으로 멍비치가 매년 오픈 했으면 하는 마음이다.

기존 양양 근처 해변은 멍비치가 유일했는데, 새롭게 애견비치가 있는 해피플레이스가 오픈했다. 양양 38선 휴게소 앞 해변에 위치해 있고 주차장이며 화장실 시설은 멍비치보다 편리하게 이용할 수 있어서 좋다.

보통은 강아지 몸무게 10kg 미만으로 입장제한이 되고, 웰시코기는 15kg까지 허용된다고 한다. 입장료는 5천원, 테이블 대여 시 이용료만 지불하면 된다. 개인적으로 멍비치 보단 해피플레이스가 아이들 탈출 위험도 적고, 시설면에서 강아지를 생각한 곳으로 만들어진 느낌이었다. 앞으로 어떻게 운영이 되고 변할지는 모르겠지만 첫 방문의 느낌이 좋았던 애견비치 해피플레이스였다.

내 목줄은 내가 !

HappyPlace
dog beach

바다 수영이 처음이라면?

처음부터 수영을 잘하는 강아지는 드물다. 개헤엄이라고 하지만 대부분 눈이 튀어나올 정도로 발버둥 치는 수준이다. 더군다나 바다는 파도가 치기 때문에 아이들에게 공포의 대상이 될 수 있다.
특히 웰시코기는 다리도 짧지만 어릴 적 단미되었기 때문에 물 속에서 중심 잡기가 힘들다. (꼬리뼈가 없는 아이들은 더더욱 힘들다) 그리고 견종 특성상 물을 좋아하는 아이들은 금방 수영을 하며 놀지만 기본적으로 목욕으로 물에 대한 공포가 있는 아이들에겐 트라우마가 생기지 않도록 견주의 노력이 필요하다.
바다 수영이 처음이라면, 견주가 함께 물속에 들어가는 것이 좋다. 처음에는 물과 친해질 수 있도록 좋아하는 장난감 또는 간식으로 목줄을 하고 서서히 물 속으로 들어가는 걸 추천한다. 그리고 초보 수영인 아이들이나, 파도가 심한 지역에서 수영을 하게 된다면 강아지 구명조끼는 필수이다. 자칫 멀리 간 장난감 잡으러 가는 경우나 심한 파도에 휩쓸려 내려갈 수 있기 때문이다. 마로리의 경우 물과 친해지기 위해 구명조끼와 목줄을 착용 후 함께 수영장 또는 바다에서 익숙해지는 시간을 가졌다. 물론 한번에 되지 않았고 몇 년의 시간 이후 자연스럽게 스스로 들어갈 수 있게 되었다.
여기서 주의할 것! 애견 수영장은 대다수 지하수를 사용하기 때문에 깨끗하지만, 바닷물의 염분이 많기 때문에 바다 수영 이후에는 반드시 깨끗한 물을 급여해야 한다. 바다 수영 중 해파리로부터 공격을 받을 수도 있으니 조심하고, 또한 바다 수영 후 털을 제대로 말리지 않고 방치 한 경우 저체온증이 올 수 있으니 꼭 바닷물을 헹궈주고 체온 조절을 해주어야 한다.

4

고성 헬로우씨 카페

강원 고성군 죽왕면 문암진리 134-90 매일 10:00 - 20:00 (목요일 휴무) 010-5848-4541

여행을 하다 보면 사람들과는 카페투어를 즐기는 편이지만, 마로리와 다닐 땐 날씨가 좋다면 주로 야외를 선호하는 편이다. 하지만 여름이란 날씨는 마로리에게도 나에게도 힘든 날씨다. 더위를 피해 찾은 곳이 바로 강원도 고성에 위치한 피크닉 카페이다.

피크닉세트를 주문하면 피크닉 매트와 커피, 과자를 피크닉 바구니에 담아주신다. 햇볕이 뜨거운 시간이라면 파라솔 대여는 필수다. 강아지는 실내 카페 출입은 그날의 손님들 양해에 따라 입장이 가능하지만, 이곳은 해변에 앉아 피크닉 하는 곳이기 때문에 주문 후 바로 해변으로 가는 것이 좋다. 조용하고 작은 해변가에서 아기자기한 소품들을 펼쳐놓고 강아지와 함께 해변 피크닉을 즐길 수 있다. 수영도 함께 한다면 더할 나위 없다.

해변에 앉아
커피 한 잔 해요!

BIG WAVE
New Jersey
H15·BPK

여름 여행 시 주의할 점

여름에는 더위로 인한 안전사고가 일어날 수 있기 때문에 다른 계절보다 준비할 것도 많고 신경 쓰이는 점도 많다. 특히 '잠깐이면 괜찮겠지'라는 생각으로 차 안에 강아지만 두고 내리는 건 굉장히 위험하다. 털이 있기 때문에 온도의 민감하고, 더위를 쉽게 먹을 수 있다. 열사병에 걸리지 않도록 주의해야 한다.

열사병은 여름에 무더운 날씨로 인해 체온조절이 안 되어 오는 질병이다. 강아지 열사병 증상으로는 반려견이 숨이 거칠어지며 침을 대량으로 흘리게 된다. 응급 처치 방법은 바람이 잘 드는 그늘 등 시원한 곳으로 옮긴 후 너무 차갑지 않은 물을 목덜미, 머리 몸으로 순서대로 뿌린 후 냉침이나 보냉제로 머리부근을 식혀야 한다. 그리고 물을 먹이고 강아지 체온 36~37도가 될 때까지 응급처치를 해야 한다. 응급처치 중 잇몸이 붉게 변하고 심박수가 높아지고 체온이 40도를 넘는다면 위험한 상태, 경련이 일어나고 구토, 잇몸이 하얗게 변했다면 굉장히 위험한 중증이다. 이때는 강아지 뇌에 영향을 미칠 수 있기 때문에 가능한 빨리 병원에 가야 한다.

여행 시 잠깐이라도 혼자 두어야 할 상황이라면 시원한 곳에 켄넬을 두고 휴식을 가지는 것도 방법이다. 그리고 까만털 또는 미용으로 인한 짧은 털을 가진 아이들은 자외선으로부터 피부에 화상을 입을 수 있으니 얇은 티셔츠 또는 나시티를 입히는 것도 좋다. 해외에서 구매할 수 있는 강아지 선스프레이를 사용하는 것도 추천한다. 또한 더위를 대비해 얼음 및 물, 물그릇, 아이스팩, 아이스박스를 챙기면 좋다.

5

가평 개가 사는 그집

경기 가평군 가평읍 복장포길 85 010-3207-1734

마로리의 생일을 맞이해 친구 쇼리의 초대에 받아 갔던 가평 애견 풀빌라펜션이다. 가평에 많은 애견펜션이 있지만 이곳은 강아지 수영장 시설이 좋아서 인기가 많다. 풀빌라 안에 작은 풀장이 마련되어 있고, 잔디밭에도 넓은 수영장이 있어서 여름에 더욱 인기가 있다. 새로 생겨 시설도 깨끗하고 조식도 제공된다. 맛있는 음식도 많이 먹고 먹고 아이들과 편히 쉬다 오기 좋은 공간이다. 더욱이 예민한 아이들이라면 풀빌라 독채 공간에서 하루쯤 마음 편히 뛰어놀기에 최고의 장소이다.

여름엔 역시
수박이지

인피니티풀

6

포항 호미곶해맞이광장

경북 포항시 남구 호미곶면 054-270-5855

서울에 사는 마로리와 나에겐 경상남도 방문은 큰 여정 중 하나이기도 하다. 부산 여행을 떠나려던 차에 한번도 가보지 않았던 포항 호미곶해맞이광장에 방문하기로 했다.

서울에서 새벽 5시에 출발해 점심이 되기 전에 도착을 했다. 아무런 정보도 없이 갑작스럽게 간 곳이었고 하필 무더위를 기록하는 날씨였다. 마로리를 그냥 길에 걷게 할 수 없어서 마침 챙겨온 애견유모차를 태워 이동하기로 했다. 챙겨온 아이스팩을 유모차 안에 깔아준 뒤 마로리를 태우고 출발했다.

포항 호미곶해맞이광장은 많은 사람들이 새해 일출을 보러 오는 곳이다. 특히 바다에 설치된 손바닥의 모형이 유명하다. 발패드 화상이 걱정되서 유모차를 태운 거였지만 워낙 유명한 관광지이기 때문에 유모차 탑승은 결과적으로 탁월한 선택이었다. 그러나 주변에 들어갈 만한 곳도 없고 그늘도 없어서 바다만 보고 금방 차로 되돌아 와야 했다.

7

경주 한옥에 살으리랏다

경북 경주시 강동면 부조중명길 362-43

경상도 친구들을 만나러 떠났던 경주에서 1박 2일 머물렀던 한옥 애견펜션이다. 강아지와 함께 한옥체험을 할 수 있어서 신선했다. 넓은 마당에서 우다다 뛰어 놀기도 좋고, 한옥에서의 하루는 시골집에 놀러와 머무는 느낌이었다. 비록 웰시코기 마로리의 고향은 영국 웨일즈이지만 그래도 한국에서 태어났으니 한옥이 시골느낌이었기를 바라본다. 코리안 코기 포에버!

8

인천 실미도

인천 중구 무의동 실미도

모처럼 마로리와 함께 인천 중구 여행을 다녀왔다. 반려견과 함께 하는 여행은 언제나 많은 준비가 필요한데, 이왕이면 사전 준비를 해서 더욱 즐거운 여행을 즐겨보자.

실미도 해수욕장을 가기 위해서는 잠진도에서 무의행 배를 타고 들어가야 한다. 배는 15분마다 오고, 탑승시간은 10분 정도 밖에 안 되기 때문에 멀미하는 분들에겐 희소식이다. 무의도에서 섬 반 바퀴를 돌면 실미도가 나온다.

실미해수욕장과 실미도는 갯벌로 연결되어 있어, 하루 2시간 물이 빠지면 건너다닐 수 있기 때문에 오랫동안 무인도로 방치되어오던 곳이다. 실미해수욕장에서 실미도까지는 약 100m 정도의 거리로 특별히 장화를 준비하지 않아도 괜찮았다.

실미도

홍천 캐나디언 카누클럽

강원 홍천군 서면 마곡길 113-28 010-3969-9000

2018년 7월 말, 기록적인 폭염을 피해 여행을 떠나게 되었다. 롤남매 개언니와 번개처럼 떠난 곳은 바로 강원도 홍천이다. 액티비티를 즐기는 개언니 더분에 홍천강 물줄기를 따라 함께 약 두세 시간 남짓 카누를 체험하고 왔다.

확실히 8살 마로리보다 어린 2살 에코는 훨훨 날아다녔다. 그 모습에 짠한 마음이 들었던 여행이지만 여름보다는 봄과 가을에 다시 한 번 도전하고 싶은 카누 타기였다.

사람도 강아지도 구명조끼는 필수 착용이다. 중간중간 강아지들은 물속에 넣어 수영하면서 따라오라고 해도 좋다. 카누 코스 중간 지점 무인도에서 쉴 수 있는데, 피크닉 할 장비를 챙겨간다면 여유롭게 수영도 하고 쉴 수 있는 곳이다. 이곳에선 사람도 강아지도 힐링할 수 있는 여행을 즐길 수 있다.

10

춘천 카페너니

강원 춘천시 효석로 129 매일 11:30 - 22:00 010-2314-2652

작고 아담한 애견동반카페, 카페너니이다. 장소가 협소하기 때문에 오히려 웰시코기 데려간 게 죄송스러웠던 기억이 있다. 하지만 흔쾌히 받아주셔서 더운 날씨를 피해 잠시 쉴 수 있었던 곳이다. 카페너니는 비주얼 최고인 계절 과일 오픈 토스트가 유명하고, 반려동물도 함께 마실 수 있는 펫푸치노를 판매중이니 함께 방문했다면 꼭 주문해보자. 아이들이 너무 맛있어하는 표정을 볼 수 있을 것이다.

호로록 호로록
펫푸치노라니
까아아아아
너무 맛나!

여름 피서지

❶ 고양 & 하남 스타필드

경기 고양시 덕양구 고양대로 1955
매일 10:00 - 22:00
1833-9001
--
경기 하남시 미사대로 750 스타필드 하남
매일 10:00 - 22:00
1833-9001

하남에 이어 고양 스타필드 오픈 소식이 반가웠던 이유는, 강아지도 함께 출입이 가능하다는 것 때문이었다. 매장에 따라 이동장에 넣어 또는 목줄만으로도 매장 출입이 가능하다. 무더운 여름 야외 산책이 힘들다면, 스타필드에 방문해보시길 바란다.
스타필드 입장 전 야외에서 배변활동을 하는 게 좋다. 곳곳에 배변봉투가 마련되어 있지만 견주가 챙기는 편이 낫다. 그리고 식품을 판매하는 식당이나 카페는 출입이 어렵다.
개인적으로 이런 강아지들이 사람들과의 사회성을 만들기 좋은 상소이며, 매너도 배울 수 있는 공간이다. 아이들이 많은 곳이라 자동줄은 위험하고, 목줄은 반드시 짧게 착용해 다니는 것이 좋다.

PET WASTE

❷ 몰리스펫샵

신세계백화점 또는 스타필드 안에 입점한 몰리스펫샵이다. 내부에는 미용실, 호텔링, 카페가 운영되고 있으며 함께 쇼핑을 할 수 있도록 내부가 넓게 만들어졌다. 다양한 제품을 만날 수 있는 몰리스펫샵에서는 유치원 서비스도 운영한다. 백화점 또는 쇼핑으로 사야할 것이 있을 때 한두 시간 유치원을 이용하는 것도 작은 팁이다.

Molly's
PET SHOP

❸ 일산 핸디로밸리

경기 고양시 덕양구 통일로893번길 62
평일 17:00 - 23:00(월요일 휴무),
주말 12:00 - 23:00
031-964-2415

강아지와 함께 캠핑을 꿈꾸고 있지만 장비며 차량이동이 힘들다면 추천하고 싶은 곳, 일산에 위치한 핸디로밸리이다. 이곳은 캠핑레스토랑 컨셉의 레스토랑으로 3시간 정도 배정 받은 텐트에서 쉬면서 식사할 수 있는 곳이다.

coffee
Drink
Cookie
cake
BBQ
Spaghetti
문의
031 964 2415

CHAPTER 3

Fall

가을

1

서울 남산공원

서울 중구 삼일대로 231 매일 00:00 - 24:00 02-3783-5900

봄에도 소개했던 남산공원은 가을이나 늦가을에 찾아가도 참 걷기 좋은 산책코스이다. 마로리와 다녀왔을 땐, 늦가을을 알리는 노란 은행잎들이 길을 덮고 있었다. 길이 다양하게 갈리기 때문에 어떻게 걷냐에 따라 산책시간이 길어지거나 짧아질 수 있다. 참고로 이곳엔 이태원에 사는 외국인과 반려견들이 많이 와서 다른 곳에 비해 비교적 펫매너가 잘 지켜지는 곳이었다. 예를 들면, 예민한 아이인 경우 맞은편에서 강아지가 오면 다른 길로 돌아가거나 마주치지 않도록 했고, 사나운 아이들은 입마개 착용으로 서로의 산책시간이 방해되지 않도록 배려했다.

꺄아아 은행 스멜~

쇼리와 가을데이트 중

2

충주 중원문화길

충북 충주시 탄금대안길 105 매일 00:00 - 24:00 043-848-2246

코끝이 추워지는 날씨인 11월에 나녀온 충주 중원문화길이다. 역사와 문화 그리고 자연을 넘나드는 생태탐방로를 함께 걸어 볼 수 있다. 올레길처럼 구성되어 몇 시간씩 걷을 수 있는 길이지만, 반려견과 준비없이 걷기에는 무리라고 판단되었다. 목줄과 배변봉투가 있다면 탄금공원을 걸어보자. 안내소를 따라 숲으로 들어가는 곳곳의 단풍은 정말이지 예술이었다. 이 날 따라 늦가을의 날씨가 걷기 좋았는지, 마로리도 집에 안 가겠다고 버텼다.

안녕

3

양주 나리공원

경기 양주시 광사로 131-66

2017년 10월 가장 핫한 장소였던 양주 나리공원이다. 2017년에 처음으로 핑크뮬리 그리고 천일홍 축제를 시작하였다. 마로리를 처음 만났던 시절, 이 근처에 살았었는데 그간 눈에 익던 곳이 알아보기 힘들 정도로 변해있어서 정말 기억에 남는다. 사실 꽃축제에 강아지와의 나들이는 쉽지가 않다. 대부분 사람 위주이기 때문에 불쾌해하는 사람들과 마주치곤 한다. 그런데 시대가 변해서일까. 생각보다 많은 반려견 친구들이 가족들과 함께 놀러 온 모습을 볼 수 있었다.

예쁜 핑크뮬리에서 마로리 사진 찍기가 도통 쉽지 않았다. 그렇다고 사진 욕심에 핑크뮬리를 짓밟으면 안 되니까, 핑크뮬리 사이로 난 곳에서 촬영했다. 너무 안으로 들어가면 사진 찍기 힘들기 때문에 초입에서 사진 찍는 걸로 만족하고 돌아와야 했다. 소형견 친구들이라면 견주가 안거나 높이 번쩍 들어올리고 사진을 찍으면 인생샷을 찍을 수 있는 장소이다.

샤방
샤방
샤방

4

양주 그린빌2애견캠핑장

경기 양주시 남면 신암리 169-1 그린빌2애견캠핑장 010-7920-1011

만 평이 넘는 잔디밭, 그린빌2애견캠핑장에서는 애견동반캠핑이 가능하다. 마로리와 인연이 되었을 때부터 연간회원권을 구입하여 다녔던 곳이다.

웰시코기 친구들과 함께 그린빌의 텐트 대여 서비스를 이용해 1박 2일 여행을 다녀왔다. 가을 캠핑에 전기장판은 필수! 옷은 든든히 챙겨가는 걸 추천한다. 강아지들도 밤이 되면 춥기 때문에 강아지 옷도 잊지 말고 챙기자. 어린 강아지들이 새로운 환경에서 사회성을 기를 수 있는 곳이기도 하다. 아이들과 함께 저수지 주변을 걸어보기도 하고 뒷산을 오르기에도 좋은 곳이다.

애들아 여기 봐!
저기 간식이
있는 것 같아

5

봉평 메밀꽃축제

강원도 평창군 봉평면

강원도 평창 여행을 떠났다가 우연히 찾아간 곳이다. 매년 9월 초 평창효석문화제와 함께 본격적인 메밀꽃 시즌이 시작된다. 메밀꽃밭은 마을 이곳저곳에서 쉽게 만날 수 있기 때문에 굳이 사람이 많은 축제기간에 가지 않아도 된다. 차를 잠시 세우고 메밀꽃 옆에서 사진을 찍어보자. 메밀꽃이 생각보다 키가 크기 때문에 강아지는 안아서 찍어야 그나마 사진에 얼굴이 나온다. 그리고 가을에는 찻길 사이로 활짝 핀 코스모스도 만날 수 있다.

#메밀꽃 필 무렵

저도 데려가요~

6

서천 신성리 갈대밭

충남 서천군 한산면 신성리 125-1 매일 00:00 - 24:00

전라도 여행으로 서울에서 신안 - 오수 - 전주 - 서천 - 서울 코스로 3박 4일 여행을 떠난 적이 있다. 서천 신성리 갈대밭은 영화 'JSA 공동경비구역' 촬영지로 유명한 장소이다. 갈대밭에서 가을을 물씬 느낄 수 있어 전국에서 사람들이 찾아오는데, 특히 10, 11월에 많이 찾는다. 일몰 시간에 찾아가면 멋진 풍경을 볼 수 있다. 강아지와 함께 출입이 가능하며 산책하기 좋은 코스이다. 갈대밭 사이사이 사람들이 사라지는 모습들이 재미있다. 반대로 강아지는 안 보이기 때문에 혹시나 강아지가 놀라지 않도록 주의하자.

신비로운
신성리 갈대밭

7

인천 동화마을

인천 중구 자유공원서로 37번길 매일 22 00:00 - 24:00 032-764-7494

인천 송월동 차이나타운 옆에 위치한 동화마을이다. 차이나타운은 차량이동이 많기 때문에 목줄은 반드시 해야 하고 이동이 힘들다면 강아지 유모차 이용을 추천한다.

동화마을은 곳곳에 숨어져 있는 동화장면을 찾으러 다니고 사진 찍는 재미가 있는 곳이다. 참고로 이곳은 일반 주민들이 사는 곳을 꾸며서 만든 동화마을이기 때문에, 그곳에 사는 강아지들과 마주치기 쉽다. 예민한 아이들도 있으니 함부로 다가가서 인사시키는 것을 주의하자.

엄청 큰 도넛이다!

동화마을로 놀러오세요~

8

통영 이순신공원

경남 통영시 멘데해안길 205 055-642-4737

동호회에서 만난 경남권 마로리 친구들과 함께 이순신공원을 방문했다. 목줄과 배변봉투만 지참하면 입장이 가능하다. 특히 산과 바다가 보여서 산책코스로 너무 좋은 곳이다. 날씨 좋은 날에는 멋진 풍경도 만날 수 있는 곳이다.

9

태안 청산수목원

충남 태안군 남면 연꽃길 70 매일 09:00 - 19:00 041-675-0656

가족여행으로 떠났던 태안 여행 중 방문한 태안 청산수목원이다. 가을에 만날 수 있는 팜파스 그리고 핑크뮬리가 있는 곳으로 태안에서도 인기 있는 장소였다. 입장권을 구매하는 동안 줄을 서야 했지만, 주차 시설이며 수목원도 잘 꾸며져 방문을 추천한다. 팜파스가 실제로 그렇게 길고 큰지 몰랐기에 다리가 짧은 마로리와 함께 사진 찍기가 쉽지 않았다. 게다가 명절엔 사람들이 많았고 강아지 친구들도 많아서 결국엔 사진 찍기를 포기하고 한적한 곳으로 가서 걸어 다니다가 돌아왔다. 아쉬움이 남아 주변에 소개했더니 평일에 다녀온 분들은 여유롭게 구경할 수 있었다고 한다. 이제 가을이면 태안 청산수목원이 생각날 듯 하다.

총총
총총

가을 산책 코스

❶ 서울 파리공원

서울 양천구 목동동로 363 파리공원
매일 00:00 - 24:00
02-2620-3570

한국에서 파리 감성을 느낄 수 있는 파리공원이다. 한국과 프랑스 수교 100주년을 기념하기 위해 만든 곳이라고 한다. 파리공원은 넓지 않기 때문에 목줄을 하고 한두바퀴 걷기 좋은 곳이다. 5월과 6월에 방문하면 장미꽃과 함께 에펠탑을 볼 수 있다고 한다.

❷ 속초 설악켄싱턴스타호텔

강원 속초시 설악산로 998
033-635-4001

지난 가을 단풍을 구경하러 설악산에 방문한 적이 있다. 우리나라 국립공원은 야생동물이 사는 곳이므로 반려견 출입이 금지되는 곳이라는 걸 도착해서 알게 되었다^^; 차를 돌려 내려가다가 잠시 방문한 설악산 켄싱턴 스타 호텔 앞 주차장에서 영국에서 볼 수 있는 커다란 2층 버스를 만났다. 이곳은 강아지 출입이 가능하고 함께 사진도 찍을 수 있는 공간이다. 웰시코기 견종은 영국 웨일즈 지방 출신이라 영국을 상징하는 곳에서 사진을 찍을 수 있어 더욱 좋았다. 강원도 여행 중이라면 잠시 들러서 예쁜 사진 찍고 가시길 바란다.

on Stars Hotel
98
arble Arch
Edgware Road

❸ 서울 광화문 & 삼청동

서울 종로구 사직로 161
매일 09:00 - 18:00
(화요일 휴무)
02-3700-3901

서울 도심을 강아지와 함께 산책을 할 수 있을까? 차와 사람이 많아서 평소에는 쉽지 않다. 그래서 차 없는 거리로 변하는 명절시즌에 마로리와 광화문의 이순신, 세종대왕, 경복궁 배경으로 사진도 찍고 새로운 사람들을 만날 수 있는 시간을 가졌다.

삼청동은 데이트 코스로도, 산책하기에도 좋은 곳이다. 경복궁에 마로리와 함께 들어가고 싶었으나 문화재로 지정된 곳은 강아지 출입이 불가능하다. 그래서 삼청동 한 바퀴를 걸었다.
록키마운티초콜릿팩토리 카페 테라스에는 강아지와 이용이 가능하다. 아무래도 초콜릿 가게이기 때문에 강아지들이 초콜릿을 먹지 않도록 주의하자! 그리고 정독도서관 또한 산책하기 좋은 코스이다. 공영주차장을 이용하고 삼청동 가기 전 가볍게 한 바퀴 돌면 좋다.

CHAPTER 4

Winter

겨울

1

포천 콩알펜션

경기 포천시 소흘읍 죽엽산로 391-3 010-9743-4954

포천 고모리에 위치한 콩알펜션은 프라이빗한 곳으로 유명하다. 콩알펜션의 방 이름 모두 주인분이 반려하는 아이들의 이름으로 정해져 있을 정도로 강아지에 대한 사랑이 느껴지는 곳이다. 오픈과 마감 시간이 매우 철저하기 때문에 기본적인 수칙만 잘 지켜지면 1박 2일 놀다 가기 좋은 곳이다. 가격은 조금 높다. 하지만 시설이 깨끗하고 잔디 관리가 잘 되어있다. 눈 소식으로 멀리 가지 못하는 경우, 서울에서 한두 시간 거리의 포천으로 떠나보는 건 어떨까?

Choco
Cheeta
#눈 내리는 콩알펜션

나 먼저 간다~

2

임실 오수의견공원

전북 임실군 오수면 충효로 2096-16 063-640-2941

오수의견 이야기를 한번쯤은 들어보셨을 거라 생각한다. 주인이 잠든 잔디밭에 불이 나자 물을 온몸에 적셔 불을 껐다는 충견의 이야기. 그 이야기의 배경이 된 곳이 바로 오수이다. 2015년 임실군에서 오수의견 공원을 조성했다는 소식을 듣고 방문하게 되었다. 애견훈련장부터 캠핑장까지 울타리가 되어 있기 때문에 목줄을 풀고 우다다하면서 맘껏 놀다 올 수 있었던 장소이다.

우리는 웰시코기예요!

의견고
마로리 동상은 없어요?

3

당진 삽교호놀이동산

충남 당진시 신평면 삽교천3길 15 삽교호놀이동산 매일 10:00 - 23:00 041-363-4589

가을과 겨울이 만날 무렵, 당진 여행을 떠났다. 당진의 아미미술관에 가고 싶었으나 그곳은 애견동반이 불가했다. 빠르게 검색하여 강아지와 함께 사진을 찍을 수 있는 곳을 찾다가 눈에 들어온 곳이 당진 삽교호놀이동산이다. 강아지와 함께 탑승은 불가하지만 시설물과 함께 사진을 찍으면서 놀이동산에 함께 놀러온 듯한 추억을 남길 수 있다.

Merry GO Round
Merry GO Round

이제 출발할까?
얼른 안 가고 뭐해요~
타는곳
입구

4

평창 듀오펜션

강원 평창군 방림면 감동지길 116-4 033-334-1354

12월 마지막 날을 보내기 위해 지인들과 함께 평창여행을 떠났다. 평창은 눈이 많이 내리는 지역이라 가는 길부터 쉽지 않았다. 듀오펜션 옆으로 그랑샤리오펜션, 쿠키마당 세 펜션이 모여 있어서 겨울여행지로 추천한다. 눈이 쌓인 운동장에서 맘 편히 우다다 뛰어놀 수 있고 좀 더 특별한 여행코스를 만들고 싶다면 태기산 트래킹을 추천한다. 눈 밭을 걸어 올라가야 하므로 일반 운동화로는 무리이고, 아이스 아이젠은 필수로 챙겨야 한다.

TIP

겨울 여행시 주의해야할 점

겨울에는 강아지들도 감기에 걸릴 수 있기 때문에 패딩 정도는 입히는 것이 좋다. 그리고 눈이 많은 곳에서는 발 동상은 물론이고 특히 염화칼슘이 뿌려져 있는 경우에는 발패드에 화상을 입을 수 있으니 산책 다녀온 후 꼭 발을 닦아주는 게 좋다. 또한 털이 있어서 몸에 묻은 눈을 닦아주지 않을 경우 감기에 걸릴 수도 있으니, 몸도 꼭 닦아주자.

발패드가 약한 아이들은 눈 속에서 발을 보호할 수 있는 강아지 신발을 착용하는 것도 도움이 된다. 또한 산책 후에는 발바닥 보호제로 패드 관리해주는 것도 하나의 방법이다.

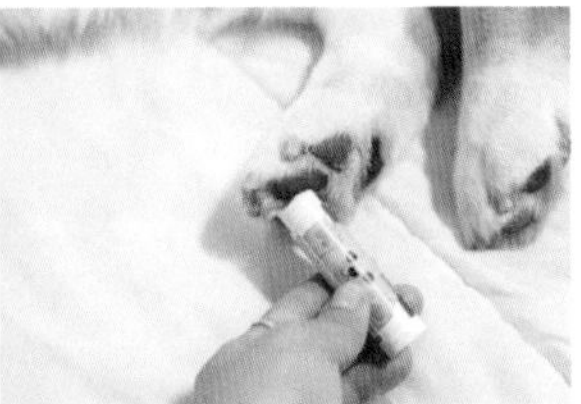

눈썰매를 씽씽~

듀오펜션 옆 쿠키마당펜션도 한 컷!

5

태안 애견민박 멍집

충남 태안군 소원면 파도길 71-7 010-7228-8151

태안에 위치한 애견민박 멍집은 오픈키친으로 방문하는 펜션 고객들과 공동으로 사용하는 것이 인상적이었다. 멍집에 방이 4개이기 때문에 단체로 방문할 경우 통으로 빌린 것처럼 쓸 수 있어 다른 곳에 비해 좀 더 편하게 지낼 수 있다는 장점이 있다. 멍집에서 걸어갈 수 있는 파도리 해변은 한적해서 강아지들이 뛰어 놀기 좋고, 차로 이동한다면 신두리 해변도 가까워 멍집에 방문하기 전, 한바탕 놀고 가기 좋은 곳이다. 근처 가까운 항구에서 싱싱한 해산물을 사다가 멍집에서 직접 해먹을 수도 있다.

첨벙
첨벙

마로리 같이 가~

고속도로 여행 중, 강아지와 함께 갈 수 있는 휴게소

❶ 덕평휴게소 달려라코코

경기 이천시 마장면 덕이로154번길 287-76
매일 10:00 - 19:00
031-645-0087

국내에서 처음으로 선보인 휴게소 내 반려견 테마파크. 휴게소 관계자 반려견 이름이 코코여서 '달려라 코코'라는 이름으로 오픈했다고 한다. 처음에는 운동장으로 오픈했지만 지금은 수영장 그리고 목욕 시설도 있을 만큼 규모가 꽤 커졌다. 참고로 이곳에 접근성이 좋은 분이라면, 연간회원을 신청하면 더 좋다.

하지만 이곳도 너무 많은 사람들에게 알려진 까닭인지 명절시즌에는 꼭 한두 마리씩 유기되는 장소가 된다는 소식을 들었다. 명절에 어떤 강아지는 가족과 함께 행복한 시간을 보내고 가지만, 어떤 강아지는 버림받는 장소가 되고 있다는 게 참 슬펐다. 휴게소에는 수많은 CCTV가 있어 유기하고 가도 충분히 찾아낼 수 있으니, 그런 일은 더 이상 일어나지 않았으면 한다.

❷ 가평휴게소 애견파크

경기 가평군 설악면 미사리로540번길 51 설악휴게소

031-584-1426

춘천이나 가평, 강원도 가는 길에 방문할 수 있는 가평휴게소에 생긴 애견파크이다. 휴게소 뒤편으로 가는 길에 한쪽에 작게 만들어진 공간인데 오픈했다는 소식을 듣고 다녀왔다. 견주와 함께 어질리티 할 수 있도록 구기들도 설치되어 있어 여행 중 잠시 쉬어가기 좋은 곳이다.

"강촌 애견훈련학교"
진도견 특별분양 033)263-8852

❸ 문경휴게소 하행

경북 문경시
중부내륙고속도로 173
문경마산방향휴게소
054-554-1655

대구여행을 떠나는 중 방문한 문경휴게소 하행방면이다. 우연히 들어간 휴게소인데 사진 찍기 좋게 잘 꾸며져 있어서 마로리와 기념사진을 많이 찍었다. 문경휴게소를 배경으로 한 아기자기한 사진들을 블로그에 올렸더니 직접 휴게소 관계자분이 고맙다는 뜻으로 휴게소 상품권을 보내주셔서 덕분에 문경휴게소를 또 한번 방문했던 기억이 남는 곳이다.

6

전주 벼리채

전북 전주시 완산구 서학3길 67 010-7358-0036

2015년 설, 뭔가 특별한 곳으로 떠나고 싶어서 찾아보다가 가게 된 전라도 여행이었다. 대부분 강아지와 여행이라고 하면 가까운 경기 또는 강원도를 떠올리는데, 때마침 새로 뽑은 차도 길들일 겸 먼 길을 떠나게 되었다. 그런데 생각보다 전라도에는 강아지와 갈 수 있는 곳이 거의 없었고, 가장 큰 문제는 숙소를 찾는 일이었다. 지금이야 에어비앤비 또는 애견펜션들이 하나둘씩 생겨나 숙소 찾는 것이 어렵지 않지만, 당시에는 숙소 찾기가 하늘의 별따기였다. 발품 찾아 알아낸 곳이 바로 전주 한옥 게스트하우스 벼리채였다.

벼리채 덕분에 전주에서 2박을 머물 수 있었다. 한옥 체험은 처음인지라 낯설었지만 작은 마당도 있고 조식도 나오기 때문에 만족스러웠던 곳이다. 참고로 벼리채는 고양이를 반려하기 때문에 강아지와 서로 부딪히지 않도록 주의하자!

이리오너라~

야옹이다!
야옹

7

담양 메타세쿼이아 길

전남 담양군 담양읍 학동리 578-4 061-380-3149

전주에 숙소를 잡아두고 근처 도시를 여행을 떠났다. 담양, 오수, 슬로시티 증도까지. 서울에서 한번에 가기엔 먼 곳이지만, 전주를 기점으로 이동하니 두세 시간 거리에 있어서 이동이 어렵지는 않았다. 그중 너무 가보고 싶었던 메타세쿼이아 길을 방문했다. 목줄을 착용하지 않으면 들어갈 수 없다. 인기가 많은 장소이기 때문에 오전에 방문해서 한가로이 산책을 즐기기를 추천한다.

담양 메타세쿼이아 길
Damyang Metasequoia Road / ダミャン メタセコイアみち / 潭阳 水杉荫道

목줄은 필수로 착용해야 해요!

이색 서울 투어

❶ 청담 비안코이탈리아

서울 강남구 청담동 118-12
02-512-2203

비안코이탈리아는 강아지들에게는 문화센터 같은 곳으로 애견카페, 호텔, 놀이터, 목욕 등 다양하게 체험할 수 있는 곳이다. 마로리는 마침 목욕할 때가 되어 근처에 방문했다가 목욕체험을 하고 왔다. 개인적으로 애견카페 내부 구조가 개별 울타리로 나눠진 점이 맘에 드는 곳이었다. 커피가 맛이 좋고, 강아지 음식도 판매되는 곳이라 강아지와 함께 카페를 즐길 수 있다.

눈이 번쩍!

거품목욕도 했어요!
BATH PET

❷ 탐앤드폴

서울 송파구 올림픽로 300
롯데백화점 에비뉴엘 5층
02-3213-2585

롯데백화점 중 유일하게 애견동반이 가능한 잠실 롯데월드 탐앤드폴이다. 다양한 반려동물 용품들이 있는 편집샵으로, 여러 브랜드를 한 군데에서 만나볼 수 있다. 매장 이동 시 이동장 또는 안거나 강아지 유모차를 이용해야지만 동반 입장이 가능하다. 게다가 매장에 가면 마로리 인형이 지금까지도 모델로 있다. 보시면 한번쯤 쓰담쓰담 해 주시길^^; 마로리와 똑같은 사이즈로 만들어진 마로리 인형은, 가늠하기 힘든 웰시코기 사이즈 때문에 지인의 부탁을 받아 매장에 기증하게 되었다.

TOM AND POL
DUGROO

TOM AND

❸ 합정 파라독스

서울 마포구 월드컵로 29 지하 1층

02-3144-8723

한국에도 강아지 피트니스 센터가 생겼다. 1:1 체력관리 훈련 등 다양한 수업이 준비되어 있어 강아지 반려를 시작하는 사람들에게도, 노령견을 앞으로 어떻게 관리해줄지 막막한 분들에게 도움이 되는 곳이다. 마로리도 방문해서 1:1 수업으로 어떤 운동이 필요하고 어떤 놀이에 흥미를 느끼는지 등을 체크하고 왔다. 기존의 강아지 훈련은 강아지만 맡기고 오는 형태였다면, 이곳은 견주와 강아지가 함께 훈련을 배우고 교감할 수 있는 공간이다.

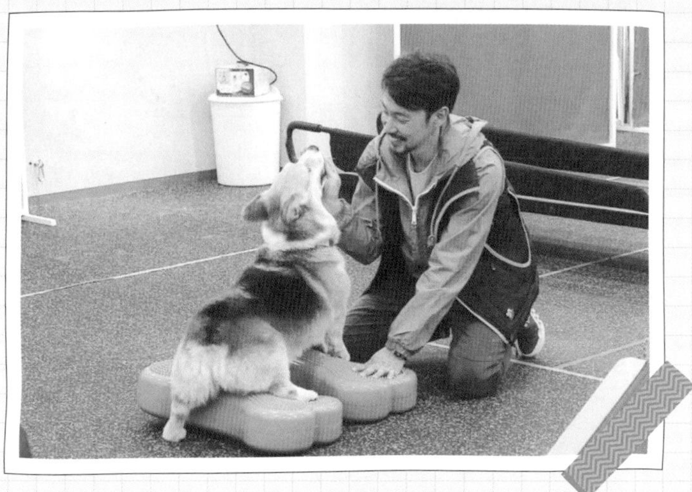

CHAPTER 5
Jeju
제주도

강아지와 함께 제주도 여행을 하기 전에

당일치기도 어렵고, 여행 코스 짜기도 어렵고, 무엇보다 강아지와 비행기를 타고 가야 한다는 점이 가장 막막한 제주도. 그럼에도 강아지와 제주도에 가기로 마음 먹은 펫트래블러들을 위해, 제주도는 더욱 제대로 즐기고 오시기 바라는 마음에 챕터를 따로 두었다.

2014년 4월, 처음 마로리와 찾아간 2박 3일 제주도. 날씨도 안 좋았고 애견펜션에서 방콕하다가 돌아온 기억이 있다. 동해, 서해 많이 다녀본 마로리에게 제주도의 바다를 보여주고 싶었다. 하지만 내 욕심 때문에 마로리를 힘들게 하는 게 아닌가 하는 생각과의 싸움이었다.

그러나 두 번째 찾은 제주도에서, 마로리의 밝은 얼굴을 보며 오길 '역시 오길 살 했다'는 생각이 들었다. 갑갑한 도시생활에서 벗어나 제주도에서만큼은 자연으로 돌아가 원하는 대로 냄새를 맡도록 했다. 그렇게 매년 제주도를 찾아가는 중이다. 이제 2박 3일은 너무 아쉬워 한 번 오면 기본으로 일주일은 머무른다. 언젠가 마로리와 제주도 한 달 살기를 꿈꾸고 있다.

강아지 비행기 탑승은 어떻게 하나요?

제주도 여행을 떠나기 위해서 비행기표를 예매했다면, 각 항공사에 전화해 반려동물 별도 예약을 해야 한다. 비행기마다 탑승 가능한 기종이 있고, 제한되는 반려동물 탑승 수가 있으니 미리 예약을 해두는 것을 추천한다.

현재 대한항공에서 스카이펫이라는 서비스를 통해 예약 가능하다. 편도 기준 1kg에 2천원으로 측정되므로 가장 저렴하게 다녀올 수 있는 항공편이다. (켄넬 + 몸무게) * 2,000원으로 계산하면 된다. 마로리는 21kg 나와서 편도 금액으로 42,000원 지불했다.

평소에 예민한 아이들이라면, 미리 준비한 아로마 오일 또는 약을 먹여도 좋다. 단! 비행기 탑승으로 스트레스성 구토가 발생 할 수 있으니 탑승 전에는 공복으로 탑승하는 게 좋다.

혼자 타는 마로리를 위해, 켄넬 위에 작은 편지를 써서 붙였다. 잠시 떨어져 있게 되는 동안, 공항 직원분들이 마로리의 이름을 불러주면 마로리가 조금이라도 덜 불안하지 않을까 하는 마음으로. 그 뒤로 공항가면 알아보고 인사해주시는 분들이 많아져 조금은 친근해진 느낌이 들었다. 우리 강아지가 비행기탑승 동안 안정을 찾을 수 있는 소소한 방법들을 고민해보자.

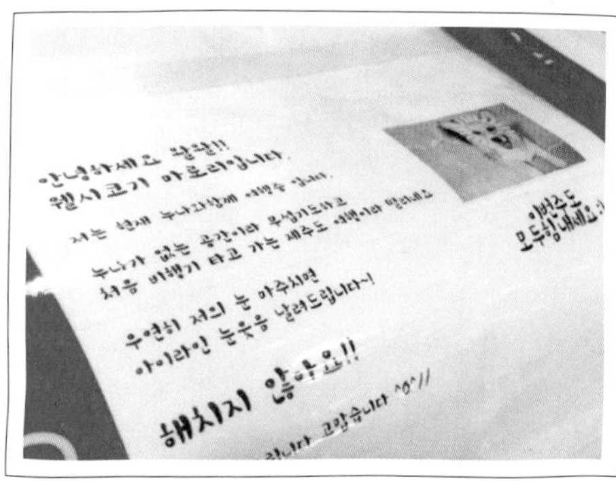

1

카멜리아힐

서귀포시 안덕면 병악로 166 매일 08:30 - 17:30 064-792-0088

겨울에는 눈 속의 동백꽃, 여름에는 색색의 수국을 맘껏 볼 수 있는 곳이 바로 제주도의 카멜리아힐이다. 한 시간 정도 걸으면서 구경하고 사진 찍기 좋은 장소이다. 동백꽃은 12월 말부터 1월 말까지 만날 수 있고, 수국은 6월 초부터 7월까지 볼 수 있다. 하지만 여름의 제주도는 비가 자주 오고 무더운 곳이라 함께 여행하는 반려견이 더위를 먹지 않도록 주의해야 한다. 참고로 마로리가 들어갈 때만 해도 중대형견 모두 입장이 가능했는데, 최근에는 강아지 몸무게 5kg 미만으로 제한하고 있다고 한다.

수국길

오늘만은 느리게 천천히

2

금능해수욕장

제주시 한림읍 064-728-7672

제주시 한림읍에 위치한 금능해수욕장이다. 금능해변 옆으로는 협재해변, 곽지해변 그리고 애월까지 이어져있다. 개인적으로는 투명한 물과 흰 모래를 만날 수 있는 금능해변을 좋아한다. 특히 날씨 좋은 날에는 비양도가 보이고, 유독 새파란 바닷물을 만날 수 있다. 낙조가 아름답기로 유명한 곳이므로 시간대를 맞춰서 찾아가는 것도 좋다. 해수욕장이 오픈하면 반려견 출입금지가 되기도 하지만 그 외에는 반려견과 함께 바다 산책을 하기 좋은 곳이다.

우리 강아지 생일 어떻게 챙겨줄까?

대부분 강아지의 첫 생일은 챙겨주지만, 그 다음 또 그 다음에는… 바쁜 일상에 강아지생일까지 챙기기엔 버거울 때가 있다. 그렇다고 강아지에게 미안해 할 필요는 없다.

저마다 환경이 다르기 때문에 꼭 남들과 비교한 성대한 생일 파티가 아닌 견주로서 해줄 수 있는 것들 만으로도 아이들은 충분히 사랑 받고 있음을 느낄 것이라 생각한다.

마로리는 처음엔 내게 단순히 지인의 강아지였고, 가끔 가다 돌봐주는 아이였다. 그러다 몇 번의 파양과 입양이 반복되는 모습을 보면서 마로리의 표정도 변하는 것을 느끼게 되었다. 마로리의 첫 번째 생일은 아주 조촐했다. 심지어 내 강아지도 아니었지만 어느 누구도 챙겨주지 않는 마로리가 너무 안쓰러워 습식 캔에 촛불 하나 꽂아주고 노래 불러준 게 전부였다. 마로리는 오랜만에 먹어보는 습식

캔과 간식만으로도 먹고 싶어서 침 흘리던 모습이 떠오른다.
다음해, 마로리 두 번째 생일은 내가 마로리의 견주가 되어 챙겨주는 첫 생일파티였다. 강아지 동호회에서 우연히 같은 날 태어난 친구들을 알게 되어 애견카페를 대여해서 합동생일파티를 크게 열어주기도 했다. 또 어떤 해 생일에는 애견펜션에서 친구들과 수영도 하고 뛰어 놀면서 생일 축하여행을 떠나기도 했다.
그러다 어느 날, 문득 이런 생각이 들었다. 웰시코기 마로리는 과연 생일에 행복했을까?
마로리는 나이를 먹으면서 서열의식으로 점점 성격이 사나워졌다. 원래 만나던 강아지 친구들이 아닌 이상 새로운 곳에서 새로운 친구들과 어울리기가 힘들어진 것이다. 그래서 성대한 생일파티보다는, 마로리와 보내는 시간을 더 소중히 여기자는 의미로 가족들과 함께 제주도 여행을 떠나게 된 것이 제주도 여행의 계기였다.
현재는 마로리의 나이가 있어서, 마로리가 태어난 더운 6월이 아닌 가을로 날짜를 변경해 제주도 여행을 하고 있다. 마로리의 생일 만큼은 절대 잊지 않고 내가 해줄 수 있는 범위에서 최고로 챙겨주려고 노력하게 된다. 참고로 마로리가 열 살이 되면, 엄마와 함께 환갑파티를 하기로 했다. 우스갯소리로 효도관광을 마로리와 함께 보내드리기로 했는데, 정말 이러다가 엄마와 마로리만 제주도 한 달 살기에서 일 년 살기 하러 떠날지도 모르겠다^^;
강아지 생일을 챙기기 전에, 내가 어떤 마음가짐으로 한 아이의 견주가 되고 엄마, 아빠, 누나, 형이라는 책임감 있는 이름을 가지게 되었는지 생각해보면 어떨까. 강아지가 실제로 태어난 날을 축하하는 의미도 있지만, 강아지와 내가 한 집에서 견생 그리고 인생을 함께 하기로 약속한 날에 의미를 두고, 함께 즐거운 시간을 보내는 날이 되었으면 한다.

MARO

Girl

3

위미 동백군락지

서귀포시 남원읍 위미리

12월부터 2월까지 동백꽃을 만날 수 있으며, 운 좋은 날에는 눈 내리는 배경 속에 핀 동백군락지를 걸어볼 수 있다. 참고로 개인사유지이므로, 입장료를 내야 한다. 반려견 입장은 가능하지만 안고 다녀야 한다. 마로리처럼 중형견 이상이라면, 유모차를 이용하면 좋다. 입구 앞 동백나무 앞에서 사진을 찍을 수 있도록 양해를 구하고 입장하였다. 단 목줄을 하고 돌아다니지 않는 조건이었다. 아름다운 겨울의 꽃 동백군락지를 강아지와 함께 모습을 볼 수 있고 사진을 남길 수 있는 것만으로도 만족스러운 공간이었다.

마로리 기다려!

별빛이 내린다~
샤랄라라라

4

산방산 유채꽃

서귀포시 안덕면 064-794-2940

서귀포 안덕면에 위치한 산방산에 가는 길에서는 유채꽃밭을 만날 수 있다. 산방산 근처는 이미 많은 관광객들로 붐비는 곳이지만 조금만 근처로 차를 타고 나오면, 개인이 운영하는 유채꽃밭을 만날 수 있다. 지역마을 분들의 정성으로 키워진 유채꽃밭이므로 외부에서 사진 촬영은 금지이다. 입장료를 내고 들어가 맘껏 촬영하는 것을 추천한다. 장소에 따라 강아지 출입 여부는 다르기 때문에 꼭 물어보고 데리고 들어가야 한다. 2월, 제주 유채꽃밭에서 봄의 시작을 만나볼 수 있다.

혼저옵서예~

5

조천 스위스 마을

제주시 조천읍 함와로 566-27 064-744-6060

조천읍에 위치한 작은 테마마을이다. 강아지와 함께 여행을 다니다 보니 새로운 곳, 더 많은 세상을 함께 가고 싶은 욕심에 제주도에서 만날 수 있는 스위스 마을을 찾아가게 되었다. 편의점, 호텔, 레스토랑 등이 마련되어 있고, 작은 포토존이 있다. 에어비앤비를 이용하면 이곳에서 숙박을 할 수 있다. 건물 외관이며 조경들이 잘 되어 있기 때문에 사진 찍기 좋은 장소이다.

Wien
Amsterdam
암스테르담
8,926km
Milano
밀라노
9,219km
바르셀로나
9,940km
Shanghai
뉴욕
11,495km
New York
Rome
Frankfurt
프랑크푸르트
8,903km
Dubai
두바이
9,850km
Hong Kong
Paris
파리
9,330km
London
도쿄
1,219km
Beijing
북경
1,159km
우리 어디로 갈까?

아부오름

제주시 구좌읍 송당리 산 164-1

오름 오르기가 유명해지는 시기가 있었다. 그러나 유명한 오름에는 사람들이 많거나 강아지 출입 금지인 곳이 많다. 또, 너무 많이 걸어 올라가거나 급경사로 된 곳은 내려올 때 강아지 다리에 무리가 올 수 있어서 고민하다가 찾아간 곳은 제주 아부오름이었다. 참고로 이효리 뮤직비디오 배경으로 나온 곳이기도 하고, 영화 '연풍연가' 촬영지이다. 처음 오름으로 올라가 도착하는 순간, 제주도의 바람을 만날 수 있었다. 그리고 아부오름 앞에 위치한 왕따나무는 사진촬영 장소이기도 하니 잊지 말고 인증샷을 찍어보자.

헛둘
헛둘

우도

제주시 우도면

책을 쓰기 전까지만 해도 우도는 베에 렌트카를 싣고 떠날 수 있는 여행지였다. 하지만 현재는 차량금지로 바뀌었다. 우도에서는 전기차 또는 스쿠터로 이동해야 한다. 사전에 강아지 탑승여부는 꼭 문의하도록 하자.

우도에 있는 카페 그리고 식당 대부분 테라스가 있기 때문에 강아지와 동반이 가능하다. 서빈백사 해변과 바다 또한 너무나 아름다운 색을 가진 곳이다. 우도 여행은 당일치기 또는 반나절 코스로 추천한다. 땅콩 아이스크림과 한라봉주스 그리고 해산물이 들어간 물회도 꼭 먹어보시길 바란다.

꺄아앙 죠스코기다!

강아지와 제주 스냅 사진 찍기

제주도 여행에서 더 특별한 추억을 남기고 싶다면, 스냅 사진을 찍으면서 제주의 포토 스팟을 여행해보자. 유명한 곳이 꼭 아니더라도 맘에 드는 곳에 차를 세우고 사진을 찍어도 괜찮다. 그렇게 찍어도 인생 사진을 얻을 수 있는 곳이 바로 제주도이다.
사전에 미리 스냅 업체를 통해 2~3시간 코스로 예약했다. 사람이 아닌 강아지와 함께하는 촬영이기 때문에 널널한 일정으로 잡고, 함께 찍을 컨셉을 미리 정해 소품을 준비하면 더 좋다. 촬영 중 강아지의 집중력이 필요하므로 간식이나 좋아하는 장난감을 준비하면 수월하게 촬영할 수 있다.

8

표선해변

서귀포시 표선면 표선리 064-760-4476

마로리 친구 밤바, 요다가 제주도로 한 달 살기를 떠난 적이 있었다. 마로리도 이 기회를 놓칠 수 없어 시간을 짜내서 제주도로 향했다. 2018년 여름, 제주도 역시 더울 거라 예상해 함께 패들보드 체험을 했다. 서울에서만 살아온 내게 작은 로망이 있었다면, 마로리와 함께 제주 바다에서 눈치 안보고 물놀이 해보는 것이었는데 바로 그 기회가 온 것이었다.

1인당 3만원 정도의 가격에, SNS를 통해서 예약을 한 후 표선해변으로 향했다. 하지만 운동신경이 꽝인 사람은 어딜 가나 티가 나는 법인지, 바다로 첫 발을 내딛는 순간 현무암 돌 사이에 발이 끼는 바람에 발톱이 빠지고 찢어지는 사고를 당했다. 결국 나는 육지에서 카메라 들고 찍사의 신세로 남아야만 했다. 밤바, 요다의 엄마 그리고 나를 따라 온 우리 엄마만 이 바다를 느끼며 패들보드를 체험하게 되었다. 멋진 사진을 많이 건졌지만 정작 내가 탄 사진이 없다는 게 함정으로 남은 패들보드 체험기였다.

TIP

패들보드 체험 시 주의할 점

래쉬가드 및 물놀이 복장으로 체험하는 것을 추천한다. 그리고 수영을 못하는 강아지라면 구명조끼를 입히는 게 좋다. 파도가 센 날씨거나 바다수영에 익숙하지 않은 아이들이라면 놀랄 수 있으니 주의하자. 그리고 아쿠아 슈즈도 꼭 착용하길!

마로리도 패들보드 도전!

⑨

노아샵 제주허브동산점

서귀포시 표선면 돈오름로 170 제주허브동산 BOTANIKA170 내 NOASHOP
064-787-3335

반려동물용품 편집샵인 노아샵. 기존에는 강남 신사에 있었지만 현재 오프라인 매장은 제주허브동산 안에서만 만나볼 수 있게 되었다. 노아샵은 해외에서 만들어진 친환경 제품 또는 아이들을 위해 만들어진 제품들을 셀렉한 곳으로 강아지 구명조끼, 장난감, 간식, 사료 등 제품군이 만족스러워 자주 애용하는 곳이다. 제주허브동산 또한 애견동반 입장이 가능한 곳으로 함께 산책도 하고 노아샵에서 쇼핑 및 뒤편에 마련된 별도의 운동장에서 우다다 놀게 하기 좋은 곳이다. 또한 노령견 또는 다리가 불편한 아이들을 위해 강아지 유모차 대여서비스가 있어 이용할 수 있다. 처음 제주여행을 떠났을 당시만 해도 강아지 용품을 급하게 사려면 무조건 제주시로 가야 했는데 노아샵 제주점 오픈 소식으로 서귀포에서도 구입이 편해졌다.

NOA SHOP
BOTANIKA 170

유모차 완전 편하개!

10

풍미독서

제주시 구좌읍 세화합전2길 7 매일 10:00 - 17:00(목요일 휴무) 064-782-5333

강아지와 함께 여행을 다니다 보면 핫플레이스라고 불리는 곳은 가지 못할 때가 많다. 아무래도 사람 위주의 여행이 아닌, 강아지와 함께 한다는데 의미를 두기 때문에 같이 못가는 곳은 포기하고 돌아가야 할 때가 많다. 친구와 제주도 여행 중 방문했던 풍미독서는 브런치로 유명한 북카페였다. 테라스에는 강아지동반이 된다는 소식 이후 찾아갔으나, 한번은 내부수리 중이었고 또 한번은 목요일 휴무여서 그냥 돌아와야 했던 곳이었다.

그렇게 몇 번의 실패 후, 초가을 어느 날 마로리와 함께 다녀올 수 있었던 풍미독서. 그곳에서 함께 가을 햇살을 맞으며 브런치를 즐기다 올 수 있었다. 강아지를 좋아하는 사장님 그리고 친절한 스텝분들 덕분에 편안하게 있었던 곳이다. 가기 전 반려견 동반 확인은 확인은 필수이며, 마당이 작고 아담해서 목줄은 필수로 착용해야 한다.

풍미독서
드디어 마로리도
발도장 쿵쿵!

다음에 또 와야지~

❶ 아도록

- 제주시 구좌읍 해맞이해안로 1156-6
- 매일 10:00 - 20:00 (화요일 휴무)
- 010-9866-6888

강아지와 함께 바다가 보이는 마당에 앉아 있을 수 있는 곳이다. 애견카페가 아닌 동반카페이므로 방문하기 전에 확인은 필수이다. 오픈 시간에 맞춰 방문했는데 카페 마당에서 마로리와 함께 바다를 보면서 잠시 쉬다 갈 수 있었다. 참고로 아도록 팬케이크는 비주얼만큼이나 맛있으니 꼭 먹어보자.

❷ 키친오즈

제주시 한림읍 협재로 208
매일 10:00 - 18:30

몇 년 전부터 찾아가는 제주도 단골집 중 하나인 애견동반 레스토랑 겸 카페이다. 이곳에서는 골든두들 다얀이를 만날 수 있다. 아기아기함이 느껴지는 다얀이는 성격이 좋은 편이라 카페에 들어서는 순간 맞이하러 나온다. 햇볕 좋은 날에는 라벤더가 핀 정원이 보이는 테라스에 앉아도 좋다. 최근 가을에 핑크뮬리를 볼 수 있는 제주도 카페로 주목 받고 있는 곳이다.

③ 송당나무

제주시 구좌읍 송당5길 68-140

매일 10:00 - 18:00

010-9364-2819

생각하지 못한 곳에 위치한 송당나무 카페는 그야말로 비밀 아지트 같은 곳이다. 방문 전 반려견 동반 여부를 확인하고 가는 것이 좋다. 참고로 카페 안에는 고양이들이 지내고 있기 때문에 예민한 아이들이라면 다시 생각해보는 것이 좋다. 식물이 가득한 카페라서 물씬 제주도 느낌이 난다. 손님이 없을 땐, 카페 마당에서 목줄을 한 채 뛰어놀게 할 수 있는 곳이다. 화분에 담긴 티라미수가 인상적이다.

Zzz

④ 꽃향유

제주시 애월읍 하가리 1407
10:00 - 20:00
(일요일은 15시 오픈)
064-799-1500

제주도 출장을 떠났을 무렵 마로리도 함께 동행한 적이 있었다. 우연히 지인에게 추천 받아 가게 된 플라워카페였는데, 일만 후다닥 볼 생각으로 잠시 차에 둔 마로리를 보고 카페 주인분이 허락해주셔서 함께 다녀왔던 곳이다. 차 안에 친구가 있었기 때문에 혼자 다녀오려고 했는데 그 모습마저 신경쓰이셨는지 흔쾌히 마로리도 입장할 수 있게 해주셔서 고마웠던 제주도의 꽃향유. 손님 상황에 따라 동반여부는 다르기 때문에 혹시나 방문 전 전화로 꼭 확인해주시길 바란다.

웰시코기 마로리, 어디까지 가봤니?

초판 1쇄 펴낸 날 | 2018년 11월 16일

지은이 | 백승이
펴낸이 | 홍정우
펴낸곳 | 브레인스토어

책임편집 | 이상은
편집진행 | 남슬기
디자인 | 이유정
마케팅 | 이수정

주소 | (04035) 서울특별시 마포구 양화로7안길 31(서교동, 1층)
전화 | (02)3275-2915~7
팩스 | (02)3275-2918
이메일 | brainstore@chol.com
페이스북 | http://www.facebook.com/brainstorebooks

등록 | 2007년 11월 30일(제313-2007-000238호)

ISBN 979-11-88073-31-3(03980)

이 도서의 국립중앙도서관 출판예정도서목록(CIP)은 서지정보유통지원시스템 홈페이지(http://seoji.nl.go.kr)와 국가자료공동목록시스템(http://www.nl.go.kr/kolisnet)에서 이용하실 수 있습니다.(CIP제어번호: CIP2018033136)